浪花朵朵

托马斯·穆勒自然科普作品

冬天里的动物

[德]托马斯·穆勒 著　风雷 译

中原出版传媒集团
中原传媒股份公司

大象出版社
·郑州·

目　录

下雪了

十一月底，最低气温降到零摄氏度左右。随着初冬的来临，天气逐渐转冷，雪花也飘然而至。于是，我们人类打开室内的暖气，让自己舒舒服服地过冬。

但是动物们现在可就进入最难熬的时期了。它们不仅要忍受严寒，还要面对食物的短缺。

候鸟早在几个星期之前就开始飞往遥远的南方。

树林和灌木丛都变得光秃秃的，一切生命的气息似乎都被冻住了一般。大自然开始休息了。

为了在严寒与风雪中生存，动物们想出了许多完全不同的策略，它们会做好充分的准备来应对冬季的挑战。气温一旦开始下降，它们就会采取各种令人意想不到的方式来适应生活环境的变化。这本书将带领我们去森林、野外、河岸、湖边和花园里探索动物的踪迹。

　　雪越下越大，不一会儿，整个世界就像披上了一层白纱。一切似乎都静止了，四处见不到一点生命的迹象。

雪中的足迹

我们会在新的积雪中看到平时不易发现的足迹。它们是哪些动物的脚印呢？

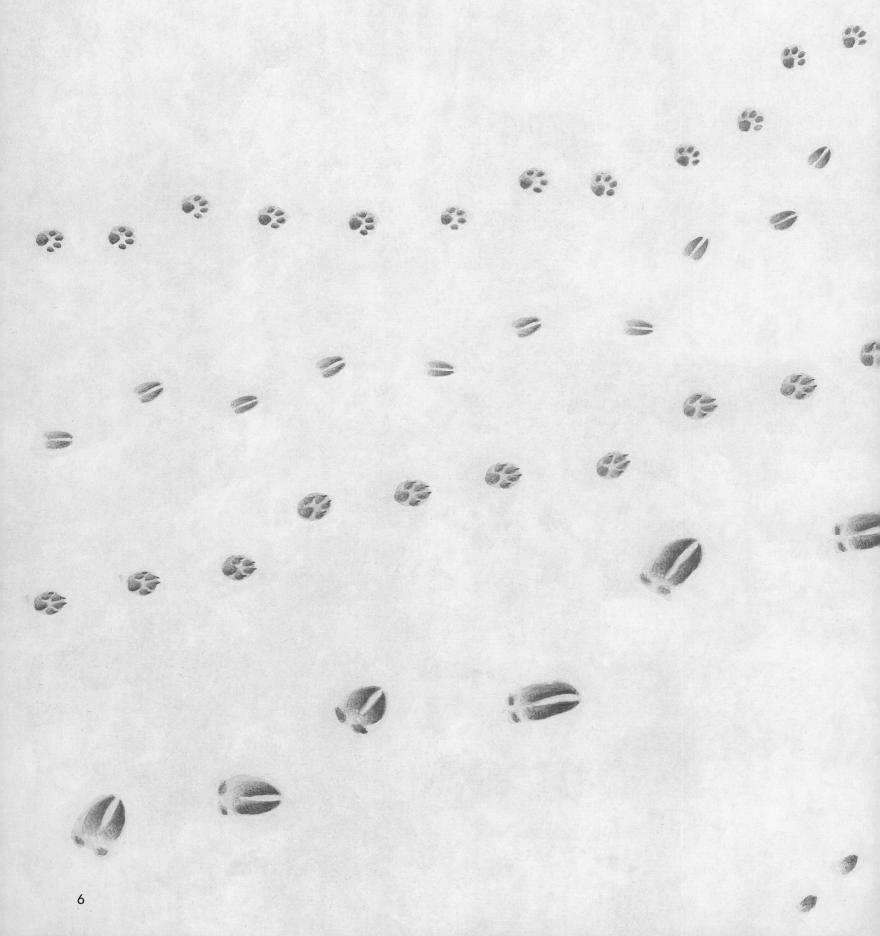

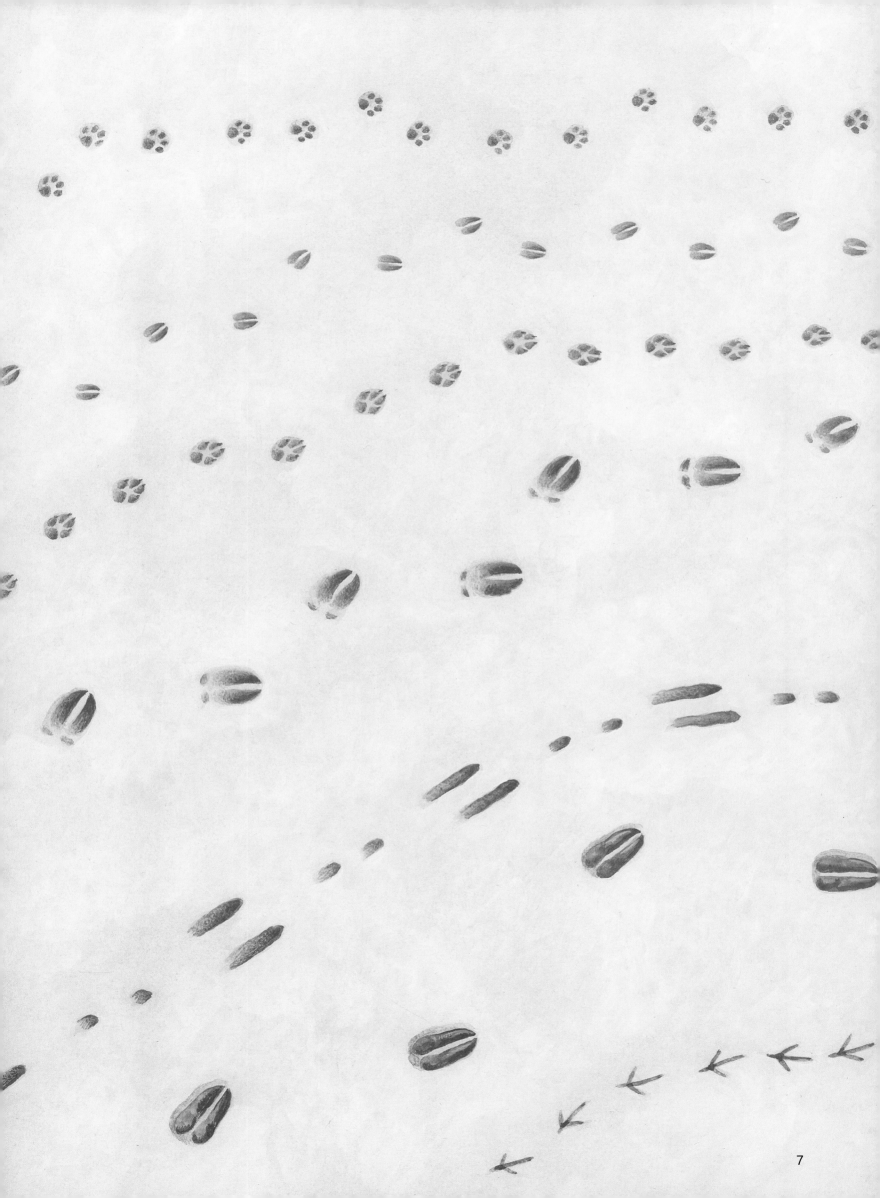

狍

野猪

雉鸡

灰山鹑

8

野猫

狐狸

欧洲野兔

马鹿

稍加练习，你就会识别动物的足迹了。

厚实的皮毛

狍

　　哺乳动物和鸟类一样，需要保持恒定的体温来维持身体的各项功能。因此，它们必须在寒冷的季节里尽可能地减少热量的消耗。大多数哺乳动物每年换两次毛。它们的夏毛短而稀少，到了冬天，表层粗毛就会变长，底层绒毛也会更加浓密。动物的冬毛常常是另一种颜色的，有时它也会使动物的体格和形态看上去与其他季节时不一样。这种变化在狍的身上就非常明显。

　　浓密柔软的底层绒毛可以阻止寒冷与潮湿侵入皮肤。不仅如此，绒毛还能储存空气，使动物身上就好像裹了一层暖和的气垫一样。除此之外，动物早在秋季就开始大量进食，让自己长出一身能够抵御严寒的脂肪层。

岩羚羊

　　一到冬天，生活在高山地区的岩羚羊就会来到海拔较低的地带，因为在那里比较容易找到食物。它们能从雪中刨出野草和苔藓，或者以树木的嫩枝为食。岩羚羊的冬毛厚实，颜色较深，与夏季的毛色完全不同，这一点和狍一样。浓密的冬毛可以保护岩羚羊免受严寒和冷风的侵袭。尽管许多动物拥有可以保暖的冬毛，但是在大雪纷飞的严冬里，食物的异常短缺还是会导致它们无法生存。

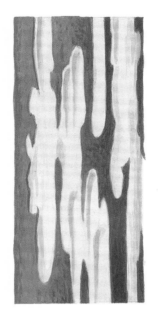

马鹿

　　冬天里的首要生存准则就是降低能量的消耗。尽管哺乳动物需要保持恒定的体温，但马鹿却能在低温天气下让身体进入节能模式。马鹿每天都能把自身的新陈代谢放慢几个小时，它的心跳频率可以从平时的每分钟60—70次降低到每分钟40次——人们把这种过冬的方式称为半冬眠。半冬眠时，马鹿的呼吸会变浅，体温也略有下降。不过，一旦受到外界干扰，它的休息期就会被骤然打断，马鹿会加速体内的血液循环并逃之夭夭，这一过程会让它消耗大量的能量。

动物如果在冬天受到过多干扰，它们就会由于不断消耗能量而陷入生命垂危的境地。因此，我们在冬天外出散步时千万不要离动物太近，这一点非常重要。

雄鹿的鹿角会在冬末脱落，但新角随即就会长出。大约四个月之后，新的鹿角就完全长成了，因此雄鹿在这期间需要足够的食物和能量。

人类在不断地扩张住宅区和工业区，这使马鹿这样的大型动物不得不退入面积越来越小的森林之中。食物短缺时，马鹿就开始剥食幼树的树皮或吃掉花苞，使幼树难以存活，这会给森林里的某些树种造成非常大的损害，最终这片森林中的欧梣和栓皮槭等树种可能会全部消失。猎户们总希望自己猎区里强壮的马鹿越多越好，这种野心其实会给森林带来巨大的危害。

夏季的松貂

松貂的足迹

松貂

　　到了冬季，松貂身上会长出厚厚的皮毛，由于它的底层绒毛浓密，呈浅棕色，因此全身的毛色看起来要比夏季浅一些。夜间，松貂穿梭在冬季的森林里寻找食物，比如老鼠、松鼠和小鸟。白天，它就在树洞、废弃的鸟巢或松鼠窝里休息。松貂足掌上的毛发比石貂更加浓密，因此它留在雪地上的足迹很容易消失。

石貂的足迹

猞猁

猞猁并不常见，它隐居在面积较大的森林中。猞猁的冬毛既漂亮又厚实，然而这身皮毛曾经时常给它带来厄运——猞猁曾遭到人类的捕杀，它的皮毛会被制成大衣或其他各类裘皮制品。如今，猞猁受到严格的保护。这种漂亮的"大野猫"在冬天可不会挨饿，它会发动突然袭击，猎捕由于寒冷和食物短缺而虚弱无力的野兽，它的主要猎物是狍和兔。一只被捕获的狍可供猞猁大约吃上一个星期。

猞猁的足迹非常罕见。

水獭
tǎ

　　水獭不会长出冬毛，它的毛发生长不受季节的影响，随时都能更新。它主要生活在水中，身上的皮毛异常厚实。即使在冰天雪地的冬天，水獭依然会像夏天一样外出捕猎，它的主要猎物是鱼类。你可以从水獭留在雪地里的足印上清楚地看到它趾间的蹼。

海豹

　　海豹一生的绝大多数时间是在水中度过的，它也有一身厚厚的皮毛。海豹每年只换一次毛，换毛的时间通常是它们爬到陆地或冰块上哺育幼崽的时期。它们主要靠体内保暖的脂肪层来抵御寒冷。

雪兔的耳朵　　　欧洲野兔的耳朵

冬天的雪兔

雪兔

　　雪兔换毛前后的毛色差异非常明显。它的夏毛呈棕灰色，冬毛则是纯白色的。厚实的冬毛不仅可以帮助雪兔抵御寒冷，还能起到伪装的作用，以免被金雕或猞猁等天敌发现。雪兔的耳朵比欧洲野兔的小一些，可能是为了减少热量的散失。雪兔的脚掌很宽，表面布满毛发，能防止它陷入松软的积雪中。雪兔主要生活在亚欧大陆和北美洲北部，经常在傍晚和夜间外出活动。它以花苞、地衣、苔藓和树皮为食。

夏天的雪兔

欧洲野兔

欧洲野兔身上厚实的冬毛能为它抵御寒冷，它主要在傍晚和夜间外出寻找食物。由于冬天几乎没有叶子和野草，它在这个时期只能啃食树皮和灌木皮。白天，欧洲野兔就把地上的浅坑作为巢穴，躲在里面休息。

狐狸

在厚实的冬毛保护下，狐狸还在不知疲倦地捕捉老鼠。冬天其实很难捉到老鼠，但老鼠偶尔会发出极其细微的声音，暴露自己的存在。

狐狸的听觉极其灵敏，能够发现躲藏在深雪中的小型啮齿动物。发现后它就用独特的"捕鼠跳"姿势一头扎入雪中，准确地捕获猎物。

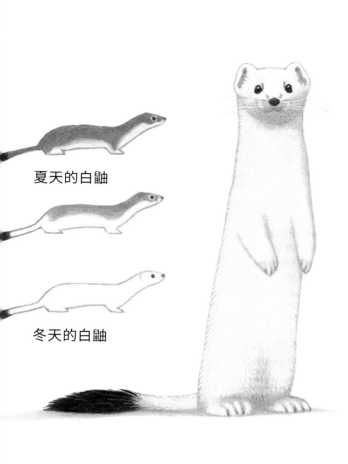

夏天的白鼬

冬天的白鼬

白鼬

    白鼬换毛前后的毛色差异也很大。夏天它的背毛呈棕色，冬毛则是全白的，只有尾尖永远是黑色的。它的冬毛是天然的保护色，雪中的白鼬让人几乎找不到。但是冬天不下雪的时候，它可就太容易被发现了！

狼的足迹

狗的足迹

狼

狼曾因遭到人类的长期捕杀而几乎灭绝，如今它们重新在某些地区定居下来，这种威风凛凛的动物现在受到人们严格的保护。虽然民间有许多关于狼的恐怖故事，但实际上它们过着远离人类的隐居生活。狼通常在夜间结群捕猎并为此进行长途跋涉。狼特有的嗥叫声确实令人毛骨悚然，但其实这只是它们在黑夜里或远离彼此时的交流方式。

从老鼠到马鹿，各种能被狼制服的动物都可能成为它的猎物，有时它也会去捉羊。因此，有些人并不乐意看到狼的回归。

狼的繁殖期在冬季，幼狼成年后会离开原来的狼群去建立自己的族群。有时候新狼群和老狼群也会联合起来行动，以提高捕猎的成功率。

狼身上厚厚的冬毛可以为它抵御寒风和低温。运气好的话，你也许会在雪中发现狼的足迹，乍一看去和狗的足迹非常相似。

半冬眠、冬眠与僵化式冬眠

　　半冬眠动物能显著降低自己的心跳频率，但体温仍保持与平时基本相同。这些动物处于一种浅睡眠的状态，它们会时常醒来吃掉此前自己储备的食物，或者去寻找新的食物。完全冬眠的动物则与之不同，它们会进入深度睡眠。这些动物的心跳会比平时减慢许多，体温也大幅下降。也就是说，它们把自身的能量需求降到了最低。任何来自外界的干扰都会给它们带来生命危险——这些动物如果被迫苏醒，就会因损失大量能量而无法安全度过剩余的冬天。

松鼠

　　松鼠并不会冬眠，但是在冬天非常寒冷的时候，它会躲在窝里待几天——松鼠窝通常在距离地面很高的树枝上。松鼠经常去它在秋天藏好橡果、松果和其他坚果的地方进食。除此之外，它在冬季也吃花苞、树皮和昆虫的幼虫。松鼠的记性不错而且嗅觉良好，因此它能找到自己藏了食物的地点，不过它也有忘记的时候！因此，到了春天，会有小树苗从某些意想不到的地方长出来。

睡鼠

　　睡鼠是小型啮齿动物，它们会真正地冬眠。睡鼠有许多种，其中最常见的是肥睡鼠，它一年之中有七个月都在睡觉。它蜷缩在既防冻又松软的地穴里，仅靠消耗体内储存的脂肪来维持生命。冬眠时，它的体温会下降到5℃，心跳减慢到每分钟5次。

　　榛睡鼠是体型最小的睡鼠，它经常和其他睡鼠一起冬眠。它们的地穴常被积雪覆盖，厚厚的积雪就像一张保温的棉被为它们抵御寒冷。

榛睡鼠

园睡鼠

肥睡鼠

林睡鼠

　　园睡鼠生活在稀疏的落叶林中、森林边缘地带、果园里。它的食物包括植物、昆虫，还有蜗牛、小鸟和林姬鼠。园睡鼠在树洞、楼房或地穴内过冬，它的冬眠期从十月份一直持续到来年四月份。与所有睡鼠一样，它在这段时间里，仅靠消耗体内储存的脂肪来维持生命。等到春天来临，它的体重会减轻三分之一。

原仓鼠

原仓鼠需要至少2千克食物才能平安度过冬天。它挖掘的洞穴深达2米，里面的储藏室内贮存着谷粒、甜菜、土豆和豆子。原仓鼠是半冬眠动物，它每隔6天就要进食、排便，然后接着睡觉。

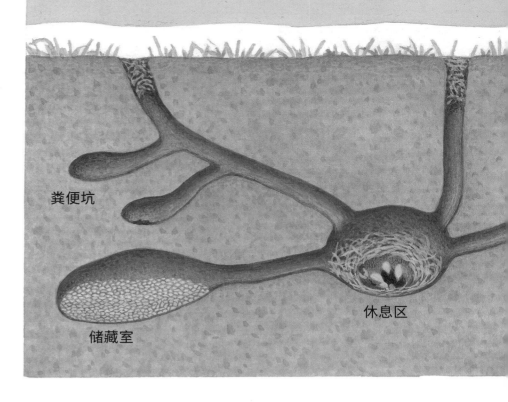

粪便坑

储藏室

休息区

獾

獾的地下巢穴里有很多通道，它用强壮的前肢和细长的利爪不知疲倦地挖掘自己的地下城堡。在漫长的夏日里，獾的巢穴能为它提供庇护，让它休息。獾常常会把巢穴扩建得跟大型迷宫一样，里面的通道四通八达，连通多个房间，分成上下好几层。时间久了，巢穴里会居住着同一家族的好几代成员。獾的休息区位于地下约5米深的地方。

獾是半冬眠动物，冬眠期的长短会根据天气情况而有很大变化。獾是夜行杂食动物，即使在冬季也能找到充足的食物。

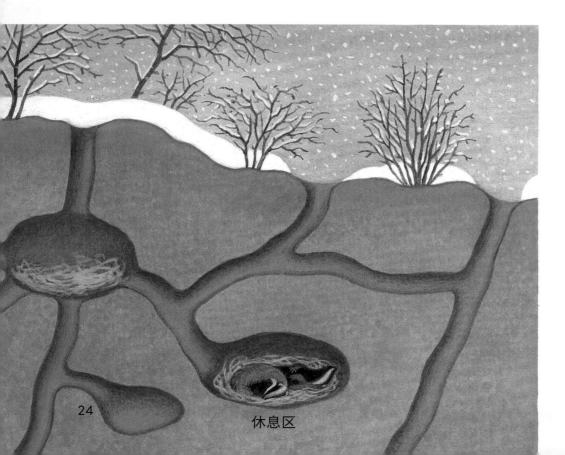

休息区

阿尔卑斯旱獭

　　阿尔卑斯旱獭居住在高山上，那里的气候条件较为恶劣。它会在自己挖掘的巢穴内冬眠大约六个月，即从十月份到来年三月份。阿尔卑斯旱獭在夏季和秋季时会在高山草原上大量进食，让自己长出厚厚的脂肪层，冬眠期间它就靠消耗这些储备脂肪来维持生命。它的体重会在这段时间内减轻三分之一。

　　旱獭是群居动物，种群成员会集体冬眠。冬眠开始之前，它们会用干草、泥土和石头等把巢穴的入口封住。为了平安度过漫长而寒冷的冬天，它们常常会挤在一起，这样存活率会比在"单间"里更高。冬眠期间，旱獭的呼吸频率会降低到每分钟2次，偶尔醒过来也只是为了排泄粪便。

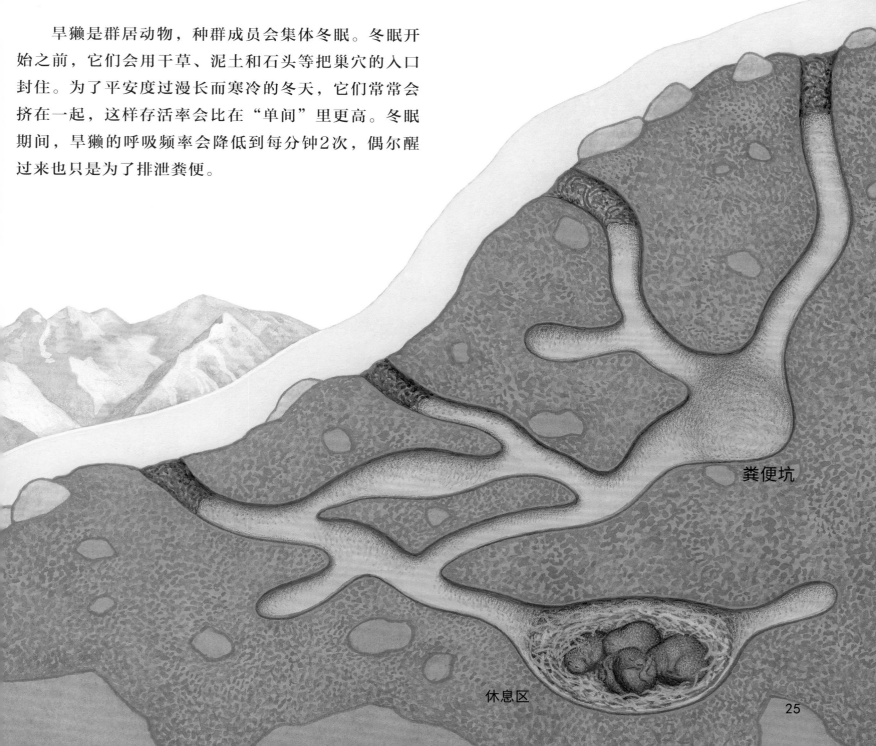

粪便坑

休息区

棕熊

　　棕熊一般在白天外出活动，它生活在欧洲、亚洲和北美洲的森林里，人们经常能够在野外看到这种高大魁梧的动物。

　　熊的食物以植物为主，包括浆果、橡果、板栗、山毛榉坚果等。不过它们也会袭击绵羊、山羊，甚至是公牛。因此，在一些有熊出没的地区，它们常常会与牧民和村民发生冲突。

　　熊会在秋季大量进食，让自己长出厚厚的脂肪层，整个冬季它就靠消耗这些脂肪来维持生命。熊是半冬眠动物。它的巢穴在岩缝间、山洞里或是自己挖出的地洞里，有时它也会把家安在突起的山崖下方，巢穴里面还会铺着干草和苔藓。按照常理，长期不运动的话，肌肉就会萎缩，但是熊的血液中含有一种特殊的物质，能防止这种情况的发生。因此当熊苏醒时，它的肌肉虽然不是很有力量，但它依然和冬眠之前一样强壮和迅猛——棕熊奔跑的速度能达到每小时50千米！

熊的前爪印

熊的后爪印

通常母熊每胎有2—3个幼崽，幼熊会在半冬眠期内出世。幼熊刚出生时只有老鼠那么大，全身无毛，也没有视觉和听觉。2周后，幼熊才能听到声音，4—5周后才能睁开眼睛。前4个月里，幼熊只喝母乳，这会让母熊消耗非常多的能量，以至于半冬眠期结束后，母熊的体重会减轻40%。

春天来临时，母熊会带着小熊离开冬栖地。她会继续悉心呵护她的孩子，直到小熊长到两岁半左右能独立生活为止。

刺猬

　　刺猬在十月初就已经吃出了一身厚厚的脂肪层，它开始寻找合适的地点，准备在那里冬眠5—6个月。它通常会躲到落叶堆、枯枝堆或花园里其他"乱七八糟"的地方。冬眠时，刺猬也能降低身体的各项功能需求。它的体温会下降到与周围环境相近的温度，心跳从平时的每分钟200次减少到每分钟20次，呼吸频率也从每分钟50次降低到每分钟1—10次。如果外界温度降到5℃以下，刺猬就开始产生热量，以免自己被冻死。刺猬的脖颈和肩部有特殊的脂肪组织，能为它提供能量。刺猬的体重会在冬眠期间减轻30%左右。

蝙蝠

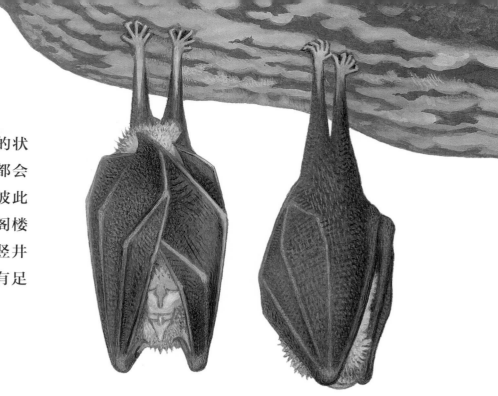

随着气温的下降，蝙蝠开始陷入一种迟钝的状态，它的心跳、呼吸以及身体的其他各项功能都会降到最低水平。它们大多聚集成群一起过冬，彼此紧挨着相互取暖。蝙蝠的冬栖地大多在树洞、阁楼或人工制作的蝙蝠箱里，它们尤其喜欢古老的竖井和石洞。无论哪里，冬栖地最重要的条件就是有足够高的湿度，以免身体脱水。

昆虫

大多数昆虫的成虫到了秋天就会死亡，但有些蝴蝶、甲壳虫、熊蜂和蜜蜂却能平安度过冬天。瓢虫会在冬天聚集成一大群，它们的血液中有一种"防冻剂"，能防止它们被冻死。

蜜蜂

很多野蜂到了冬天就会死亡。家蜂不太一样，它们会在蜂巢内聚成一团，不断振动翅膀来产生热量。这样一来，即使外面的天气十分寒冷，蜂巢里的温度也能达到20℃。家蜂在冬天里以夏天采集的蜂蜜或养蜂人提供的糖水为食。为了保持蜂巢内部的清洁，平时蜜蜂的粪便会储存在一个叫作肛袋的特殊器官里，当外界气温较高的时候，它们就会飞出蜂巢去排泄。

yǎn
鼹鼠

冬天里，地下也充满了生命的活力！鼹鼠不会冬眠，但它会躲到巢穴较深处的保暖通道里去。鼹鼠的毛又短又密，由于毛的末端并没有固定的生长方向，它能够在狭窄的隧道里自由地前行或倒退。一只鼹鼠每天需要的食物的重量大约是自身体重的一半，因此它总是在不停地寻找食物，比如昆虫的幼虫和甲壳虫。鼹鼠会把自己最喜欢吃的食物——蚯蚓——贮存在储藏室里以备冬天食用。它会先把蚯蚓的头部咬掉，这样蚯蚓虽然还活着，但不能动了。

卵、幼虫和蛹

大多数昆虫处于卵、幼虫和蛹等发育阶段时，就能依附在植物上或者在树皮下面和土壤里过冬。它们的身体会产生一种"防冻剂"，保护它们不被冻死。然而，即使在冬天，它们也并不安全，因为饥肠辘辘的老鼠、鼹鼠和野猪无时无刻不在寻找食物。

气候温和的冬天对昆虫来说反而不利。气温一旦升高，霉菌就开始蔓延，它们会爬满蛹、幼虫和卵上并将其分解。

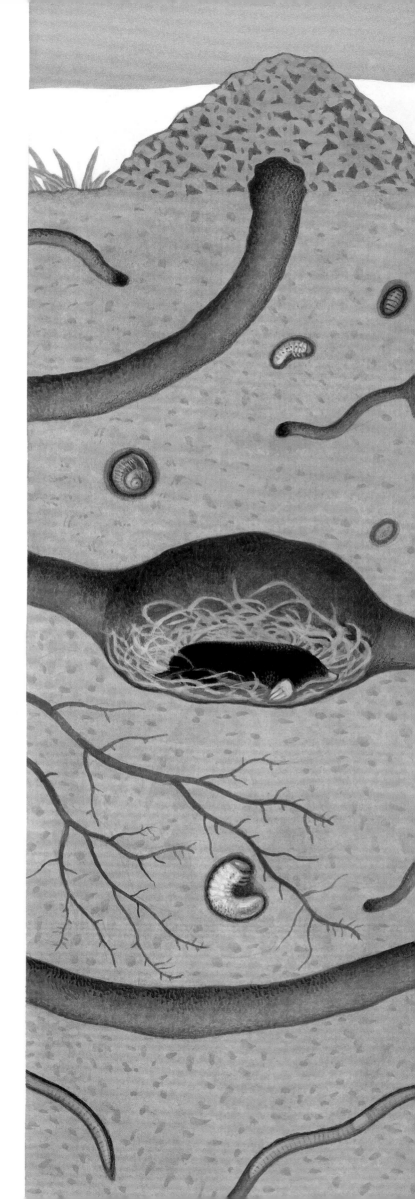

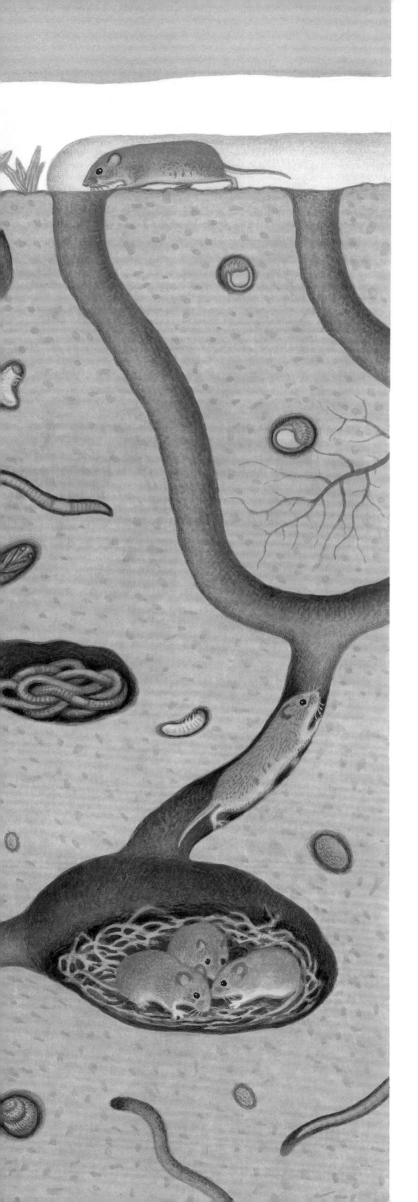

田鼠

　　田鼠也不会冬眠。它居住的地洞结构复杂、四通八达，里面设有储藏室和休息区。天气良好且食物充足时，田鼠会大量繁殖。田鼠在冬季会消耗很多能量，它穿梭在被积雪覆盖的地下隧道中，到处寻找食物。有时，田鼠也会到地面上活动，那么它自己又会成为猫头鹰等猛禽以及狐狸和狼在冬季的主要猎物。

蜗牛

　　当气温下降时，软体动物蜗牛就开始在泥土里寻找安全的越冬地点。盖罩大蜗牛会将体内所有多余的水分排出，蜗牛体内细胞含有的水分越少，就越不容易形成冰，蜗牛的身体组织也就越不容易被破坏。此外，蜗牛还能分泌一种"防冻剂"，形成一个钙质膜盖封闭壳口。冬天里，蜗牛的心跳从每分钟36次减少到3—4次，氧气消耗量也降低到正常情况下的2%。

水游蛇幼蛇

爬行动物

蛇或蜥蜴之类的爬行动物属于变温动物（俗称冷血动物），也就是说，它们无法像哺乳动物或鸟类一样自行调节体温。天气暖和时，变温动物的体温就会上升，活动频率也随之提高。天气一旦变冷，它们体内各项功能的运行就会变缓慢。到了冬天，它们会进入一种僵化式冬眠的状态。变温动物无法抵御寒冷，因此它们必须在严寒到来之前躲到安全的地方。蜥蜴会在地洞、木柴堆、石堆、落叶堆和肥料堆里过冬。

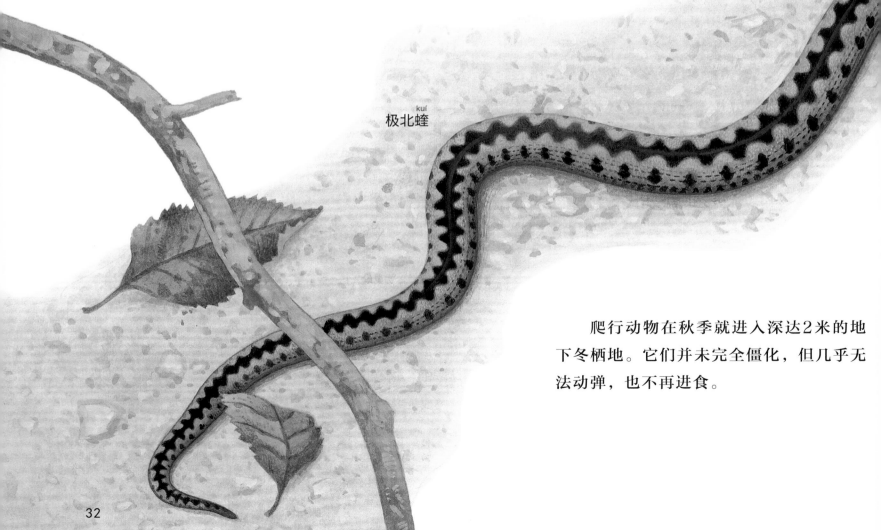

kuí
极北蝰

爬行动物在秋季就进入深达2米的地下冬栖地。它们并未完全僵化，但几乎无法动弹，也不再进食。

许多变温动物会集体过冬。人们曾发现过成群的蜥蜴、蛇蜥、极北蝰、滑蛇、火蝾螈以及蟾蜍在同一地点过冬，群体成员可达数百只！它们可能是碰巧找到了同一个合适的冬栖地。

火蝾螈

火蝾螈属于变温两栖动物。它们主要分布在中等高度的山区，经常成群聚集在天然形成的洞穴或人工挖掘的地道里过冬，这些地方的温度适宜，一般能维持在8℃左右。不过，火蝾螈也承受得住略低于0℃的气温。

鱼

池塘的水面上结了一层冰。虽然冰面的温度只有0℃，但越往池底去，池水就越暖和。鱼是变温动物，只要水温不低于4℃，它们就能平安过冬。不过，池塘至少要有1米深，否则池水全部冻住会使鱼的体内结冰，导致它们死亡。

鱼在冬天游动得非常缓慢，它们的各项身体功能都会大幅减弱。它们虽然能在水中找到食物，但主要还是靠消耗体内储存的脂肪生存，还有些鱼类会躲在河底的烂泥里过冬，比如丁𫚕(guì)。有尾目的两栖动物和部分水蛙及林蛙也喜欢钻到池底去过冬，它们处于僵化式冬眠状态时，仅靠皮肤来吸收氧气维持生命。

如果池塘被完全冻住，那问题就十分严重了。一方面氧气无法渗入水中，另一方面植物被分解的过程中产生的沼气无法消散，于是栖息在水中和烂泥里的动物就会中毒而亡。到了春天，死去的鱼类和两栖动物就会漂浮到水面上。因此，花园的池塘里如果有鱼越冬的话，还要注意不能让池水完全封冻。

留鸟与漂鸟

　　各种鸟类的生活习性并不相同。候鸟到了冬天会由于食物短缺而飞往南方，大斑啄木鸟与麻雀等留鸟则与之不同，它们即使在冬天也能在本地找到食物，所以留鸟一年四季都生活在自己的家乡。漂鸟并不会飞往南方，但是它们会为了寻找食物而进行短距离迁徙，红额金翅雀和黄鹂都是漂鸟。

　　同一种鸟也可能会有不一样的迁徙行为，比如冬鹪鹩在西欧属于留鸟，而在东欧却属于漂鸟。此外，鸟类的迁徙行为也会随着当地气候的变化而改变。紫翅椋鸟以前是纯粹的候鸟，可是现在中欧许多地区的这种鸟却变成了留鸟，而东欧的紫翅椋鸟，由于当地气候较为寒冷，仍然会飞往地中海地区和大西洋沿岸越冬。

家麻雀

紫翅椋鸟

黄鹂

冬鹪鹩

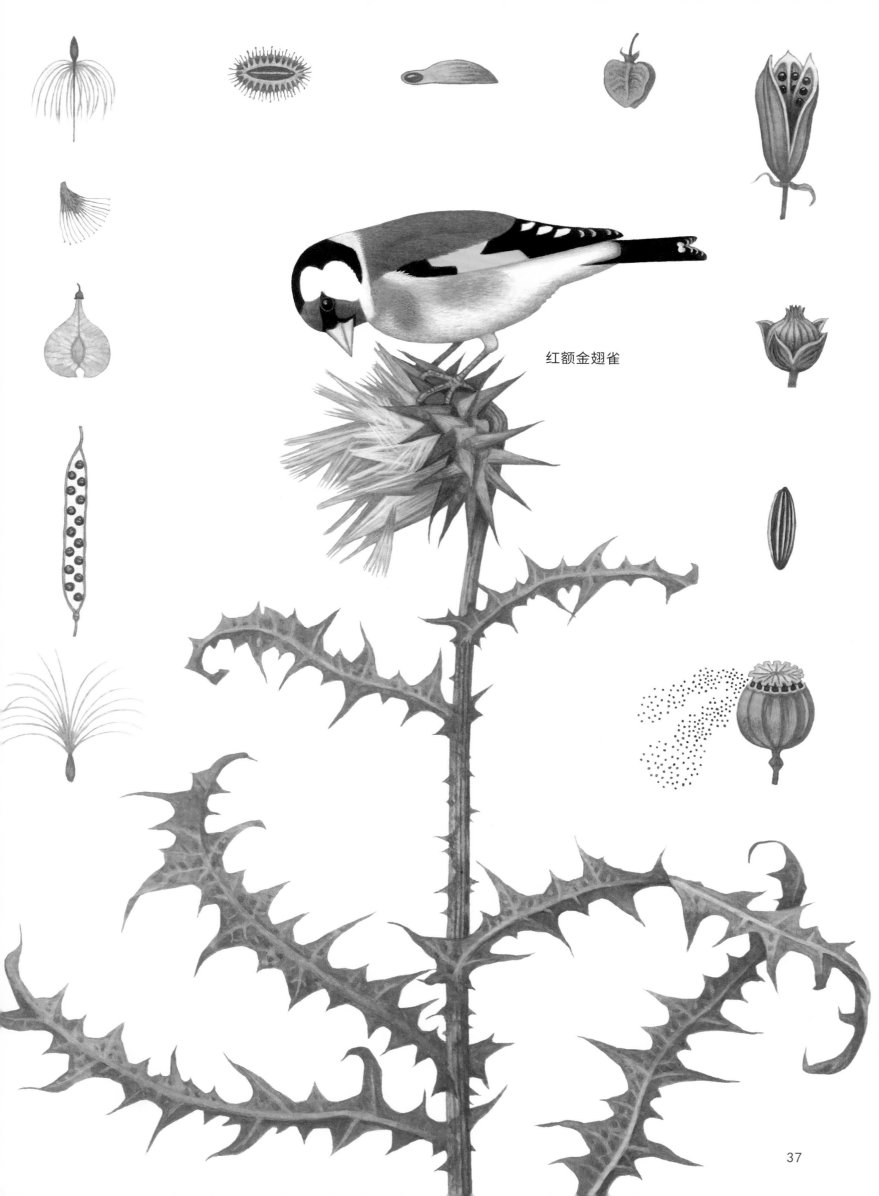

红额金翅雀

37

夏天的欧亚鸲

冬天的欧亚鸲

冬天的羽毛

鸟类是恒温动物，它们和哺乳动物一样必须把体温保持在38℃—42℃才能正常生活，因此鸟类需要大量食物来为自己提供能量。鸟类拥有一项特殊的保暖技能，就是让自己的羽毛变得蓬松起来，让羽毛的缝隙中充满可以保暖的空气，这使鸟儿们就像穿了一件羽绒服一样——其实它们也确实穿着呢！

松鸦

松鸦自建了私家冬季粮库。到了冬天，它就去寻找自己在秋天里藏在地下的橡果等食物。不过松鸦不能找到所有的橡果，因此春天来临时，就会有新的橡树苗长出来。

大斑啄木鸟

夏天里，大斑啄木鸟会在树木上啄食昆虫的幼虫。不过这些幼虫到了冬天就会钻到树木里面更深的地方，让大斑啄木鸟很难啄到，于是它在冬天就改吃别的食物，主要是云杉和松树的种子。大斑啄木鸟会把坚果卡在树缝间固定好，再用喙啄开。

仓鸮

(xiāo)

田野上覆盖着厚厚的积雪，这让猫头鹰很难找到它的主要猎物——老鼠。可是仓鸮却能根据极其细微的响声发现躲藏在雪地里的老鼠，然后用利爪把它从雪中抓出来。不过，只有在积雪不是很厚的情况下，仓鸮的这种猎捕方法才会成功。

与所有的猫头鹰一样，仓鸮也是先把它的猎物整个吞下，过些时候再将无法消化的部分如毛发、骨头等集成食丸吐出来。合适的藏身之地对仓鸮来说必不可少，比如谷仓、教堂或无人居住的楼房。如果你在这些地方发现仓鸮的食丸，你就知道它已经在这里安家啦！

食丸

苍鹰

苍鹰是除雕以外最强壮的猛禽之一。它在冬天也不会挨饿，因为它能不费吹灰之力地捕获因饥饿而虚弱无力的小型哺乳动物和鸟类。无论是麻雀、雉鸡，还是欧洲野兔，苍鹰会向所有它能制服的动物发起突然袭击。

苍鹰是一种神秘的鸟，它善于隐藏，人们很少看见它在野外飞翔。由于苍鹰偶尔也会捕捉母鸡和家鸽，以前曾遭到大量捕杀，在部分地区甚至濒临灭绝。如今这种漂亮的猛禽已经被列入保护动物名单，它的分布范围也重新开始扩大。苍鹰其实是居住在森林里的鸟类，但是近年来由于生态环境恶化，它有时会在某些城市的公园里进行繁殖。

右图中的痕迹展示的是在雪中发生的惊险一幕，一只猛禽——可能是苍鹰——抓住了一只小型哺乳动物。

普通鵟

普通鵟是欧洲地区一种常见的猛禽，它喜欢站在高高的"瞭望台"上，用锐利的双目搜寻它的主要猎物——老鼠。

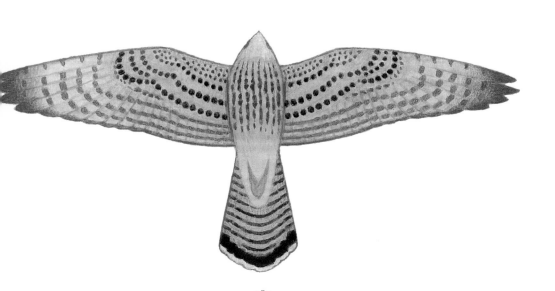

红隼

红隼可以快速振动翅膀，让自己停留在空中，你可以根据这一特征来轻易地辨认红隼，它经常出现在城市里。

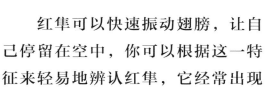

游隼

游隼的数量在过去几年中不断上升，这一点实在令人欣慰。它通常栖息在岩石上，如今也开始进驻大城市。游隼主要猎捕鸽子、乌鸦和其他小型鸟类。

游隼俯冲时的速度可以达到每秒100米。

水鸟

鸟类能用一种特殊的方式来调节脚的温度，因此它们的脚在冬天不怕冷，水鸟也不会被冻在冰面上。它们体内有一个奇妙的血管网络，和热交换器的原理一样，能够让温度较高的血液冷却，同时让温度较低的血液升温。这个血管网络由紧靠在一起的动脉和静脉血管组成，流往脚部的温度较高的血液将热量传递给流回身体的温度较低的血液。也就是说，鸟类脚部流动的血液是冷的，而身体里的血液始终是热的。

除此以外，水鸟的尾脂腺也特别发达。水鸟会把尾脂腺分泌的油脂涂在羽毛上，起到防水防寒的作用。

尾脂腺

绿头鸭

白骨顶

黑水鸡

所以，尽管冬天非常寒冷，水鸟依然能在岸边或水里寻找食物。鸬鹚在这方面有点与众不同，虽然它也给羽毛涂油脂，但它的羽毛由于结构特殊会吸收水分，因此鸬鹚每次潜水后都得晾干它的羽毛。鸬鹚晾晒翅膀的姿态很有特色，它通常会张开双翅，一动不动地站着静候一段时间。

lú cí
鸬鹚

苍鹭

现在，许多生活在欧洲的苍鹭不再飞往位于地中海的冬栖地，而是留在它们的繁殖区，这一现象在较为温暖的冬季尤其明显。苍鹭的尾脂腺非常小，但是它胸前和腹部的羽毛能分解成粉末，苍鹭把这种粉末涂满全身，可以使羽毛防水。

苍鹭常常会一动不动地站在浅水处，然后突然用匕首一样的喙闪电般戳向猎物——主要是鱼类。冬天里，人们也会看到苍鹭在田野里捕捉老鼠。

岩雷鸟

夏天里，岩雷鸟的羽毛呈棕灰色与白色，冬天里几乎全身都是雪白色的，只有尾羽的外侧还是黑色的。借助它的白色"伪装服"，岩雷鸟在白茫茫的雪山里几乎无法被人发现。雄性岩雷鸟还有黑色的眼线和眼睛上方的红斑。

岩雷鸟大多生活在海拔约2000米的地方，冬季那里的气温极低，而它会用一种特殊的方式来保护自己。岩雷鸟仅用15秒的时间就能让全身都钻进雪中，然后就躲在这小小的洞穴里熬过严寒或其他恶劣的天气。

岩雷鸟脚上的羽毛增加了它脚部的面积，于是它就像穿了一双雪地靴一样，能在雪中行走而不会陷得太深。

夏天的岩雷鸟

冬天的岩雷鸟

－30℃

－25℃

－4℃ －0℃

－18℃

45

翠鸟

如果能在冬季观察到色彩艳丽的翠鸟,那将是一次令人难忘的经历。大多数情况下,人们只会在它飞过时看到它背上的一抹淡蓝色一闪而过。

这种小鸟生活在水边,能俯冲到水中捕捉鱼类。翠鸟会全身潜进水中,一口叼住事先发现的小鱼,然后立刻飞出水面。这一切都发生在闪电般的一瞬间。

年幼的翠鸟大多会笔直冲入水中,成年翠鸟则会斜着穿入水面,因为光会在水中发生折射,经验丰富的它们能判断出鱼的确切位置。

翠鸟的整个潜水过程大约只有两三秒。翠鸟会精心护理自己的羽毛,它必须时刻保持羽毛干燥,否则就会溺水而亡。

翠鸟身长约16—18厘米，体重不超过80克。它以小鱼为食，主要包括刺鱼、杜父鱼、真鲦和小鳟鱼。翠鸟会叼住小鱼在树枝上摔打，直到小鱼昏厥或死亡，接着用嘴把小鱼调换一个方向，让鱼头朝下，然后把整条鱼一口吞入腹中。

翠鸟会把猎物身上无法消化的部分，如鱼刺和鱼鳞，集成浅色的食丸吐出来。

翠鸟的双脚呈赤红色，仅用来帮助它在枝头站稳，部分脚趾并连在一起。

翠鸟的生存离不开水塘。每到寒冬腊月，许多水塘都结满了冰，翠鸟就会飞来飞去寻找未冻结的水面。在特别寒冷的冬天里，翠鸟的数量会大幅减少。

戴菊

　　戴菊比冬鹪鹩的个头还要小，它是中欧地区最小的鸟。戴菊即使在冬天也能找到食物，它一边唧唧地低声叫着，一边在高高的针叶树上寻找昆虫和虫卵。戴菊常常和山雀结伴，一起穿梭在冬季的森林里。

红交嘴雀

　　红交嘴雀是在低温下也能进行繁殖的少数几种鸟类之一。它能用坚硬而弯曲的喙把针叶树的球果嗑开，啄食里面的种子。红交嘴雀在冬天能找到的食物最多，因此它的繁殖期也在这个寒冷的季节。

银喉长尾山雀

　　银喉长尾山雀会在冬天紧靠在一起互相取暖。其他小型鸟类，如冬鹪鹩和山雀，也会成群栖息在树洞和鸟窝里，大家挤成一团，共同度过寒冷的冬夜。

dōng鸫

　　寒冷的冬季来临之时，田鸫和白眉歌鸫经常会从欧洲的北部地区向南方迁徙。它们常常聚集成一大群，飞来飞去地寻找食物。鸫的食物以野浆果为主，如槲寄生的果实、杜松子、黑刺李和玫瑰果，另外它们也喜欢啄食从树上坠落的烂果。

槲寄生

田鸫

玫瑰果

白眉歌鸫

喂鸟器

喂鸟器上常常聚集着各种各样的鸟，这是观察它们的好机会。

树麻雀

家麻雀

锡嘴雀

红腹灰雀

沼泽山雀

大山雀

蓝山雀

苍头燕雀

shī
䴓鸸

乌鸫

欧亚鸲

绿金翅

灰斑鸠

51

冬天的客人

　　有些鸟类为了躲避北欧与东欧的寒冬，会飞往气候相对温暖的中欧，它们能在短时间内飞越遥远的距离。

　　秃鼻乌鸦特别显眼，它们与中欧地区的乌鸦和寒鸦一样，喜欢聚集成一大群。温暖的气候、郊区的垃圾场，还有已经耕种了越冬作物的农田为它们提供了理想的生活环境和充足的食物。

寒鸦

秃鼻乌鸦

小嘴乌鸦（灰色）

小嘴乌鸦（黑色）

与来自北欧的秃鼻乌鸦不同，生活在中欧地区的小嘴乌鸦是留鸟。

冬天里，鸟儿飞往中欧地区的时间各不相同，每年到访的数量也受其北方家乡气候的影响而有很大波动。在特别寒冷的冬天里，有些鸟类如太平鸟、黄雀和燕雀，常常会聚集成群一起行动。

银喉长尾山雀

白腰朱顶雀

黄雀

黄嘴朱顶雀

星鸦

太平鸟

燕雀

环颈鸫

雀鹰

    北欧的雀鹰也会在冬季迁徙到中欧，人们很容易把它和中欧当地的雀鹰混淆。很久以前，在人们对鸟的迁徙规律还一无所知的时候，都以为布谷鸟到了冬天就会变成雀鹰。产生这种误解的原因有两方面，一方面是雀鹰在冬天更常见，另一方面布谷鸟是候鸟，这个时候它已经飞往南方。不过，这两种鸟看起来的确非常相似。

    如果你看到一堆散落的小鸟的羽毛，那你可以大胆猜测，或许它已经成了雀鹰的猎物。

毛脚鵟

普通鵟

灰背隼

灰背隼是欧洲体型最小的隼，它会从斯堪的纳维亚半岛飞往中欧越冬。

旅鼠

田鼠

毛脚鵟

毛脚鵟原本居住在不会生长乔木和灌木的北欧冻原上，它的个头比普通鵟要大一些，腿上长有羽毛，整个模样看起来有点像雕。运气好的话，你可以在冬天的田野里观察它如何捕捉老鼠。人们经常会看到它快速振动翅膀停于空中，那就说明它刚刚发现了一只猎物。毛脚鵟在北欧的主要食物是旅鼠。

冰雪消融

　　三月初，冬天的势力逐渐减弱，春天的气息越来越明显了，日照时间一天比一天长。在中欧，凤头麦鸡是最早到来的春天使者，它们从南欧的冬栖地飞了回来，灰雁和鹤也回到了它们在北方的繁殖区。红鸢刚从南方回来，就重新占据了它原来的繁殖领域。狍的身上虽然仍长着厚厚的灰色冬毛，但它们很快就会换上鲜亮的红棕色夏毛。

　　随着大自然的苏醒，冬眠的动物也渐渐醒来。第一批花骨朵开始绽放。整个世界都被染上了一层淡绿色，寒冷的冬天终于过去了。

　　春天来啦！

我们能为冬天里的动物做些什么

动物们会利用各种各样的策略来充分应对冬天的寒冷和食物的短缺，它们其实并不需要我们的帮助。无论冬天多么严酷，大自然都会进行调节，保证生态的平衡——如果有部分动物未能幸存下来，那么在接下来的几年中，这些动物的出生率就会显著上升。

大多数情况下，我们也无须投喂森林里的野生动物。投喂对动物并没有很大帮助，有些猎户这么做只是因为他们想要更多的动物生存下来。事实上，病弱的动物在冬天里死亡有助于保持种群的健康和天然抵抗力。

放置在屋子外面或花园里的喂鸟器给我们提供了观察鸟类的大好机会，其中也会出现一些罕见的鸟儿。即使没有我们的帮助，鸟类也能安然度过冬天，但是我们能替它们减轻一点儿负担。

其实我们的确可以为冬天里的动物做点事，即使只是提供一些间接的帮助。

我们的自然环境日趋单一，到处都变得越来越"干净"、越来越"整洁"，许多动物在这样的条件下很难找到安全的越冬地点。让我们伸出手来帮帮它们吧！有幸拥有花园的人们可以为动物做很多事，本地原生的乔木和灌木对动物来说，比从花草市场买来的外来植物更有利用价值，因为只有它们才能为昆虫和鸟类提供必要的生活条件。花园里"乱糟糟"的地方不仅是动物在冬天里的最佳庇护场所，还是它们在秋天里的栖息天堂。比如那些无人打理的枯叶堆、肥料堆是蚯蚓和刺猬的最爱，老树上的树洞和松动的树皮是小型哺乳动物和鸟类藏身的好地方，同时也是天然的昆虫旅馆。陈旧的小木屋不仅看上去充满诗情画意，也能为中小型动物提供栖身之所。

我们还可以在屋外挂上蝙蝠箱，在果树上搭建鸟巢。蝙蝠和睡鼠也许还会沿着屋顶上狭窄的缝隙钻进阁楼。

如果你具备一定的常识，再带着善于发现的眼睛和一颗包容的心，那么当你在房屋、院子和花园里散步时，你就会找到许多办法来帮助冬天里的动物。

老树

陈旧的小木屋

能为动物提供栖身之所的地方

阁楼

蝙蝠箱

树篱

木质外墙板和护窗板

攀缘植物

花园角落

肥料堆

枯叶堆

鸟舍

61

索引

图书在版编目（CIP）数据

冬天里的动物 / （德）托马斯·穆勒著 ; 风雷译 . -- 郑
州 : 大象出版社 , 2020.11
ISBN 978-7-5711-0734-5

Ⅰ . ①冬… Ⅱ . ①托… ②风… Ⅲ . ①动物—普及读
物 Ⅳ . ① Q95-49

中国版本图书馆 CIP 数据核字 (2020) 第 153858 号

Original title:
Author / Illustrator: Thomas Müller
Title: Schneehuhn, Reh und Haselmaus: Tiere im Winter
Copyright © 2017 Gerstenberg Verlag, Hildesheim
Chinese language edition arranged through HERCULES Business & Culture GmbH, Germany

本书中文简体版权归属于银杏树下（北京）图书有限责任公司

著作权合同备案号：豫著许可备字-2020-A-0134

冬天里的动物
DONGTIAN LI DE DONGWU

[德] 托马斯·穆勒　著
风雷　译

出 版 人　汪林中
出版统筹　吴兴元
责任编辑　张　琰
责任校对　安德华
美术编辑　杜晓燕
特约编辑　姬越蓉
封面设计　墨白空间·杨　阳
出版发行　大象出版社（郑州市郑东新区祥盛街 27 号　邮政编码 450016）
　　　　　发行科 0371-63863551　总编室 0371-65597936
网　　址　www.daxiang.cn
印　　刷　北京盛通印刷股份有限公司
经　　销　新华书店
开　　本　787 mm×1092 mm　1/8
印　　张　9
字　　数　60 千字
版　　次　2020 年 11 月第 1 版　2020 年 11 月第 1 次印刷
定　　价　82.00 元